DIE STOLZE ZAHNSPANGE UND DAS AUTO DER ZUKUNFT

FÜR MEINEN EHEMANN

ALLE IN DIESEM BUCH ENTHALTENEN RECHTE SIND DER AUTORIN VORBEHALTEN.

AUTORIN / COVER / BILDER

TANJA FEILER

AMBER

ALIEN UND ANGELA ZIEHEN SICH ZURUECK. SIE HABEN DEN ANDEREN

ERZAEHLT, DASS SIE EIN BABY ERWARTEN, DIE CUTE PETS NERVEN AUCH NICHT MIT 1000 FRAGEN. DIE WG HAT VOR KURZEM TROTZ KALTEM WETTER WIEDER AUF IHRER SPEZIALBUEHNE GESTANDEN UND

GEPROBT. DAS HAT TOTAL VIEL SPASS GEMACHT. ALIEN MIT SEINEM HIGH TEC UND DEN GELEGENTLICHEN BESUCHEN IN SEINER ALTEN ARBEITSSTAETTE, DEM WISSENSCHAFTSLABOR, SORGEN DAFUER, DASS ALLES AUF PC FESTGEHALTEN WIRD, UND ALIEN VERTIEFT SICH DARIN, DIE MUSIK ZU

ANALYSIEREN, UND SEIN HIGH TEC EINZUSETZEN.

ES SIND NOCH LANGE KEINE KONZERTE GEPLANT, OBWOHL DIE MEDIEN BEREITS NACHFRAGEN, WANN DIE CUTE PETS WIEDER LIVE AUF TOURNEE SIND. DER KINOFILM „AMERICAN STORY" IST NATUERLICH DIREKT DIE NUMMER 1 IN DEN KINO CHARTS, UEBERALL WIRD VON DEN

CUTE PETS GESPROCHEN, DOCH DIE CUTE PETS HABEN SICH ZUECKGEZOGEN. IHRE SCHAUSPIELERKOLLEGEN, DAS CELEBRITY EHEPAAR NICK SICK UND KIRA BIEN IST NACH UEBERSEE ZURUECKGEKEHRT, AN IHREN ALTEN ARBEITSPLATZ, DIE STADT, IN DER DIE MEISTEN FILME GEDREHT WERDEN. SIE HALTEN SICH DESHALB ZURUECK, DA

SIE DIE FRAGE, WAS SIE MIT DEM GELD, DASS SIE DURCH DEN FILM VERDIENT HABEN, MACHEN, NICHT ANTWORTEN WOLLEN. DAS IST IHRE PERSOENLICHE SACHE. SAMMY HAT EINEN KURZEN ABSTECHER NACH PET CITY ZU SEINEN WG FREUNDEN GEMACHT. SIE SETZEN SICH ALLE ZUSAMMEN UND SIND SICH EINIG. ALLE LEGEN

IHRE GAGE FUER DEN KINOFILM ZUSAMMEN.

SAMMYS SOZIALES PROJEKT + AMBERS STIFTUNG. DANN SPRICHT JEDER DER MITGLIEDER DER CUTE PETS UEBER SEINE GANZ PERSOENLICHEN GELDSORGEN, DIE BEGLICHEN WERDEN + DIE BEVORSTEHENDE KONZERTTOURNEEN. WAS

DANN UEBRIG IST WIRD GETEILT.

AMBER FREUT SICH WIE EIN KIND UEBER IHRE ZAHNSPANGE, DIE INZWISCHEN VON EINER KLAMMER IN EINE FESTE SPANGE ERSETZT WURDE. DIESE SPANGE KANN MAN NICHT HERAUSNEHMEN. JETZT HAT AMBER IN EINEM HALBEN JAHR DIE

GRADEN ZAEHNE, DIE SIE SICH IMMER WUENSCHTE.

SIE LACHT JETZT VIEL UND MAN SIEHT IHRE SPANGE BLITZEN. KITTY MUSS LACHEN, STAENDIG NERVT AMBER, DASS KITTY SIE FOTOGRAFIERT, ZWAR IN NEUEM OUTFIT,

NATUERLICH LACHT SIE AUF DEN BILDERN. ALSO MACHT KITTY EINE GANZE BILDERGALERIE IHRER

FREUNDIN, DIE
INZWISCHEN VIEL
ZUSAMMEN
UNTERNEHMEN.

14

DAS AUTO DER ZUKUNFT

ALIEN HAT AUS DEM LABOR MAL WIEDER EINEN PROTOTYP „ENTFUEHRT",

DIESESMAL EIN AUTO, KLEINE, DREI RÄDER, VERDECK, MIT GURT ANSONSTEN FREI – SIEHT AUS WIE EIN PUPPENWAGEN, DOCH DER FAHRER KANN SICH

ENTSPANNT HINLEGEN, DAS AUTO WIRD PROGRAMMIERT, GESPEICHERT WERDEN DIE DATEN AUF EINEM CHIP, DER CHIP WIRD INS AUTO EINGESETZT UND DANN FAEHRT ES GENAU DORTHIN, PROGRAMMIERT ALLE VERKEHRSSITUATIONEN ZU MEISTERN. DER PROTOTYP IST SO KONZIPIERT, DASS DER FAHRER ALS GEPÄCK EIN

LAPTOP MITNEHMEN MUSS, WENN ER SPONTAN WOANDERS HINFAHREN WILL, ALS GESPEICHERT IST AUF DEM CHIP. DAS PROGRAMM IST NICHT KOMPLIZIERT FUER DEN FAHRER, DA DER CHIP BEREITS UEBER ALLE BASICS VERFUEGT, DIE VON SPEZIALISTEN, KONSTRUKTEUREN, WISSENSCHAFTLERN IM LABOR ERSTELLT WURDE.

DAS BEDEUTET, DER FAHRER MUSS NUR WIE BEI GOOGLE MAPS DAS ZIEL EINGEBEN, AUF DEN CHIP SPEICHERN UND DAS AUTOR FAEHRT DANN DORTHIN. DAS LABOR ARBEITET MIT PROTOTYPEN, DER MASCHINE, DIE STRAND FUER ZWEI STUNDEN VIRTUELL HERSTELLEN KANN UND EINE ANDERE ERSTELLT EINE GRUSELIGE ATMOSPHÄRE. DANN DAS

PROJEKT ANDROIDEN, DIE BEREITS FERTIG SIND FUER DAS LEBEN DER MENSCHEN. KEIN MENSCH BRAUCHT MEHR IN DEN KRIEG ZU ZIEHEN, KONFLIKTE KOENNEN DURCH ROBOTER GEKLAERT WERDEN. SIE SIND SO PROGRAMMIERT, DASS SIE AUFKLAEREN, HELFEN IN KRISENGEBIETEN MIT DEN „BÖSEN" REDEN, WEIL SIE KEINE ANGST HABEN

MUESSEN WIE DER MENSCH GETOETET ZU WERDEN, SONDERN STABIL SIND GEGEN JEDE WAFFE. SIE ARBEITEN IN GRUPPEN ODER ALLEINE, DAS WISSEN DURCH DAS WORLD WIDE WEB HABEN UND PROGRAMMIERT AUF EIGENSTÄNDIGKEIT, ENTSCHEIDUNGEN ZU TREFFEN, DOCH WIE EIN BABY, DAS ZUR WELT KOMMT UND GUT IST,

UNSCHULDIG, NUR ZUM GUTEN „ERZOGEN" WERDEN, DIE PROGRAMMIERUNG VERGLEICHBAR IST MIT DER ERZIEHUNG EINES KINDES. DIE KINDER GEHEN IN DIE SCHULE, LERNEN, UND WENN SIE NACH HAUSE KOMMEN, DIE FAMILIE IST FUEREINANDER DA, SPRICHT MITEINANDER, KLAERT SORGEN, SO DASS DAS KIND DAS

WISSEN, WAS DES ERFAEHRT DURCH LERNEN, DIGITALE MEDIEN, UND DIE FAMILIE ERFAHREN ZUM FORSCHEN, WEITERKOMMEN, DIE IHRE UNSCHULD BEWAHREN DADURCH, DASS SIE IHREN FREIEN WILLEN FUER DAS RICHTIGE EINSETZEN, HELFEN. SO IST DER ROBOTER KONZIPIERT. ZUM TEIL WEISS DIE OEFFENTLICHKEIT VON

ANDROIDEN BZW. SEHEN ES IM FERNSEHEN ODER ERFAHREN UEBER DAS INTERNET, WAS ANDROIDEN MACHEN, WOZU SIE EINGESETZT WERDEN. DIE WISSENSCHAFTLER ARBEITEN IN DIESER BEZIEHUNG MIT ANDEREN FORSCHERN ZUSAMMEN, DOCH ES GIBT PROBLEME, DAS ALLEN MENSCHEN ZU ERKLAEREN, DAS

VERSTAENDLICH ZU MACHEN. ES WERDEN AUCH INFORMATIONEN VERHEIMLICHT. ES GIBT VIEL WISSEN, WAS IM INTERNET VERSCHWINDET. DAS LABOR, IN DEM ALIEN JAHRELANG GEARBEITET HAT, IST ABSOLUT TOP SECRET – NICHTS KOMMT AN DIE AUSSENWELT – DIE PROTOTYPEN, DIE SICH ALIEN AUSGELIEHEN HAT, DAVON WISSEN NUR DIE

CUTE PETS. DIE SPRECHEN NICHT DARUEBER. FALLS ES TECHNIK GIBT, DIE IN DER OEFFENTLICHKEIT DURCH DIE ARBEIT DER WISSENSCHAFTLER EINGESETZT WIRD, DANN GEZIELT – DIE QUELLE, DAS LABOR IST GESCHUETZT, ES GIBT KEINE MOEGLICHKEIT VON AUSSEN IN KONTAKT MIT DEM LABOR ZU KOMMEN. DAS AUTO, DASS ALIEN

MITGEBRACHT HAT, IST WIE EIN PAECKCHEN VERPACKT ZU DEN CUTE PETS GEKOMMEN. ALIEN HAT DEN CHIP, DAS LAPTOP – DAS AUTO IST LEICHT, DA KEIN MOTOR, METALL NOETIG IST. DAS AUTO DER ZUKUNFT BESTEHT AUS EINEM MATERIAL, DAS ABSOLUT STABIL IST UND 10 KG WIEGT. DER SITZ IST DURCHGEHEND UND BIETET PLATZ FUER

MEHRERE PERSONEN. JEDOCH IST DIE TECHNIK, DER CHIP AUCH NUR ZEITLICH BEGRENZT NUTZBAR, GENAU WIE DIE STRANDMASCHINE, KANN MAN MIT DEM AUTO ZWEI STUNDEN FAHREN. DANN IST DAS „BENZIN" ALL. DIE CUTE PETS STELLEN DAS AUTO IN DEN FITNESSRAUM UND FAHREN EINE RUNDE IM ZIMMER, WAS MIT EINEM NORMALEN AUTO

UNDENKBAR WÄRE. ALIEN SELBST IST BEREITS IM LABOR MIT DEM AUTO GEFAHREN UND ANGELA GEHT ES NICHT GUT, IHR IST SCHLECHT, WAS IN EINER SCHWANGERSCHAFT VORKOMMEN KANN. ALIEN KUEMMERT SICH UM SEINE FRAU, DIE ANDEREN FAHREN EINE RUNDE, KITTY MACHT BILDER, TOP SECRET – DER EINZIGE, DER KEINE LUST HAT UND

EIN SPIELVERDERBER IST IST GOOD PET. AUSGERECHNET ER IST MISSTRAUISCH, WAS DIE SICHERHEIT DES AUTOS ANGEHT. ALSO FAEHRT HAESCHEN ALLEINE.

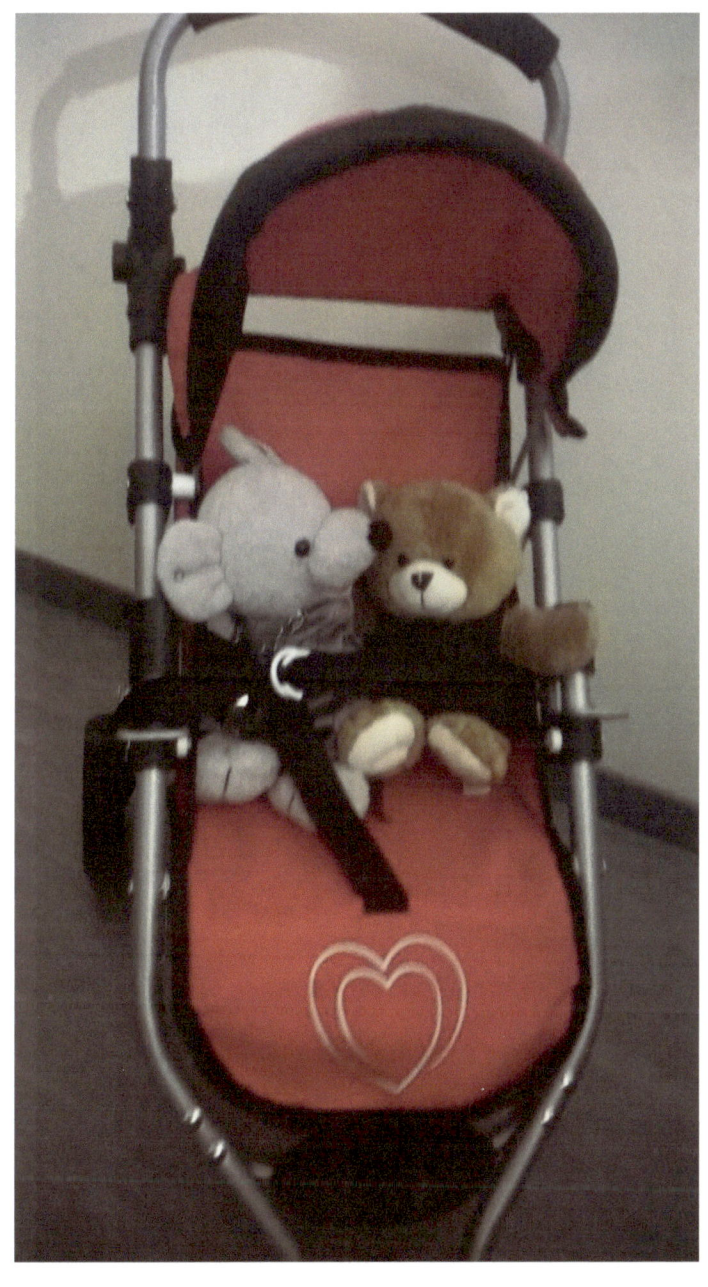

31

32

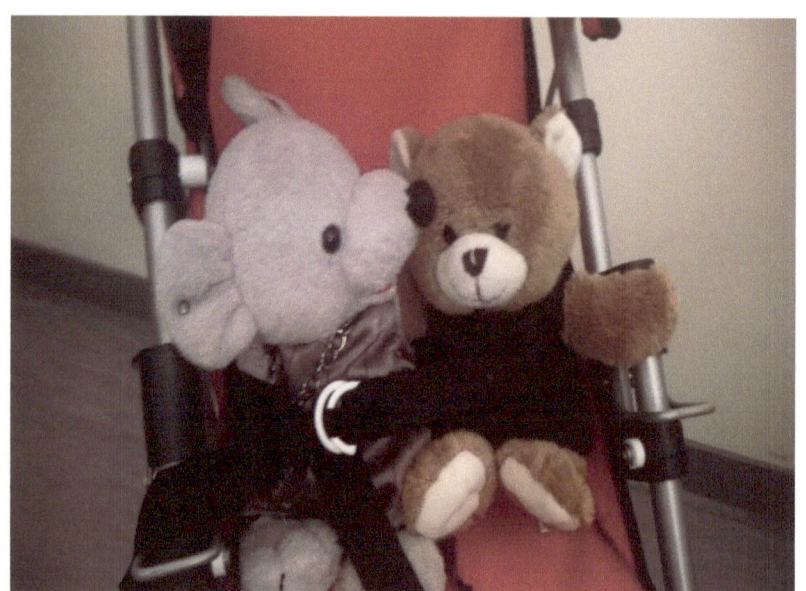

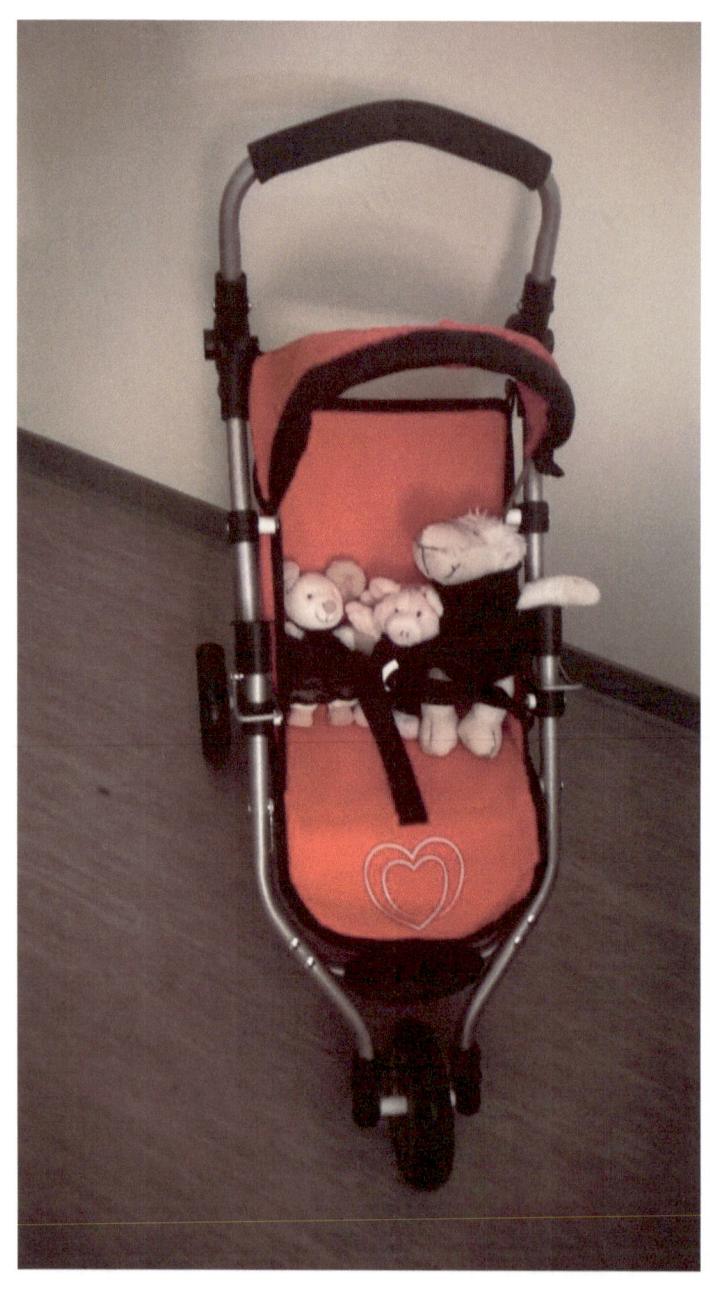

35

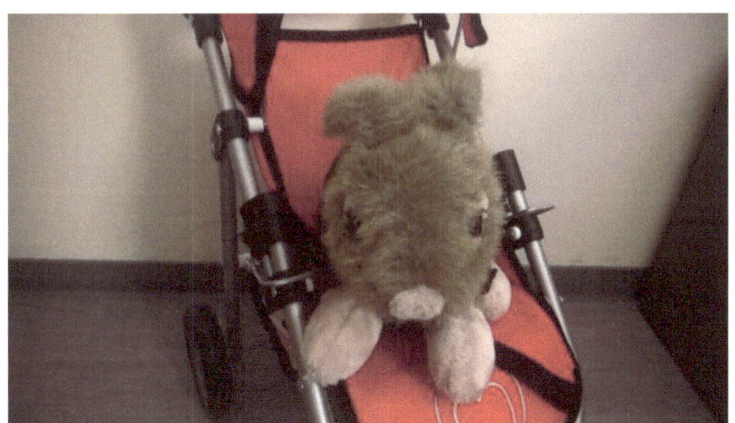

DIE ZWEI STUNDEN SPASS SIND RUM, NORMALER ALLTAG KEHRT BEI DEN CUTE PETS WIEDER EIN.

BESONDERS DANKE ICH MEINEM MANN

www.ingramcontent.com/pod-product-compliance
Lightning Source LLC
Chambersburg PA
CBHW041144180526
45159CB00002BB/725